[illegible]

PAR

LE DOCTEUR HENRI MEDING,

[illegible]
[illegible]
[illegible] de la Société médicale allemande à Paris,
membre correspondant de la Société des médecins [illegible] du grand duché de [illegible],
de la Société physico-médicale d'Erlangen,
de la Société des sciences naturelles et médicales de Dresde
et de la Société médicale d'Athènes,
membre libre de la Société médicale américaine à Paris,
membre honoraire de la « Pollichia, » Société
des naturalistes du Palatinat, etc., etc.

PARIS.

LIBRAIRIE DE VICTOR MASSON,

Place de l'École-de-Médecine.

1854

S

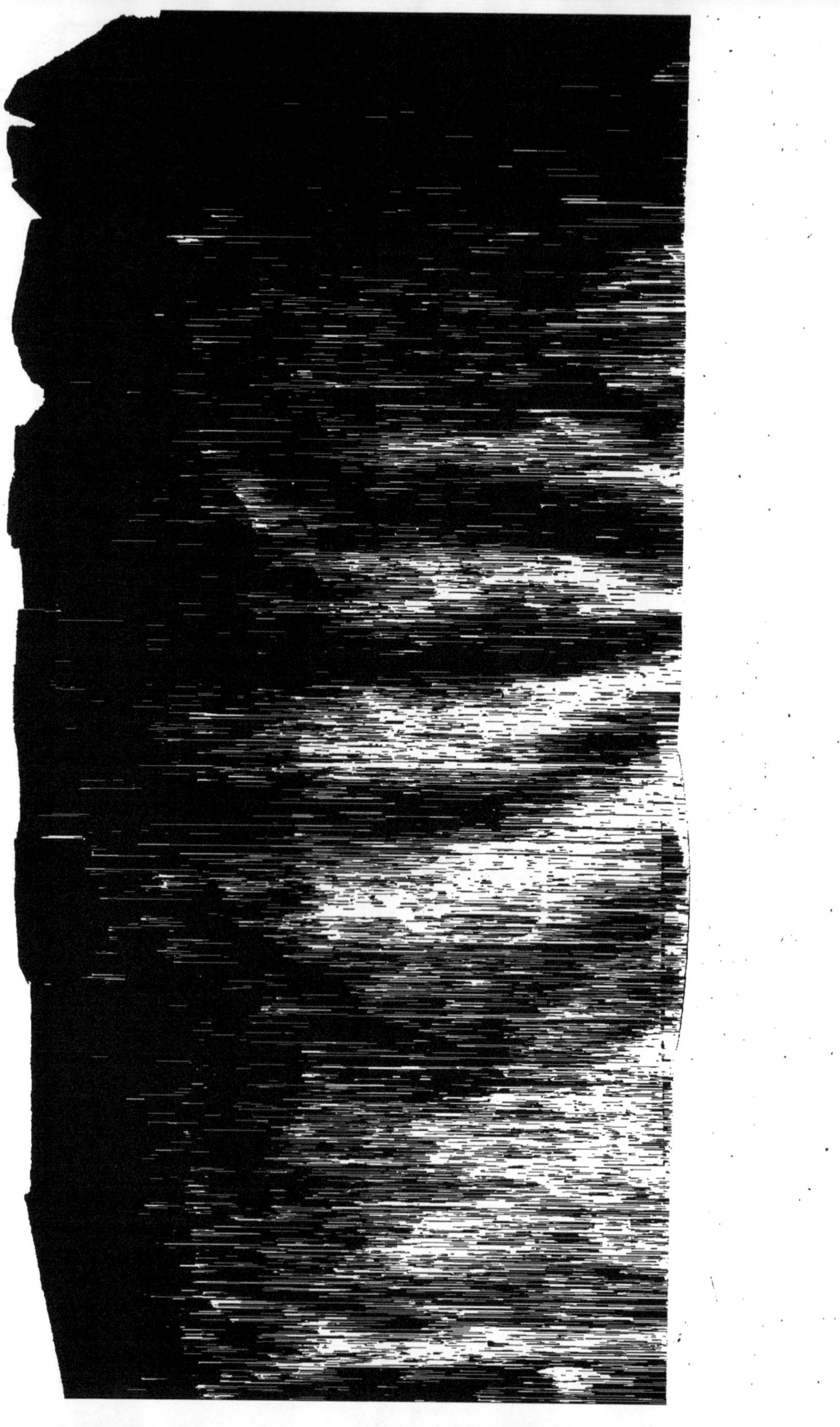

NOTICE HISTORIQUE

SUR

L'ACADÉMIE IMPÉRIALE LEOPOLDINO-CAROLINA

DES NATURALISTES.

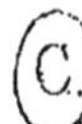

Paris. — Imprimé par E. Thunot et Cie, 26, rue Racine.

L'ACADÉMIE IMPÉRIALE

LEOPOLDINO-CAROLINA

DES NATURALISTES,

D'APRÈS LES DOCUMENTS OFFICIELS ET SELON LES RENSEIGNEMENTS

DE

M. NEES D'ESENBECK, Président de l'Académie, ET DE M. LE CHEV. NEIGEBAUR, *cogn.* Marco Polo.

NOTICE PRÉSENTÉE

A LA SOCIÉTÉ MÉDICALE ALLEMANDE A PARIS, LE 11 MAI 1854,

à l'occasion du dixième anniversaire de sa fondation;

PAR

LE DOCTEUR HENRI MEDING,

Membre titulaire de l'Académie Impériale Leopoldino-Carolina des naturalistes,
de la Société de médecine de Leipzig, et de la Société des sciences naturelles de Halle,
Président de la Société médicale allemande à Paris,
membre correspondant de la Société des médecins légistes du grand duché de Bade,
de la Société physico-médicale d'Erlangen,
de la Société des sciences naturelles et médicales de Dresde
et de la Société médicale d'Athènes,
membre libre de la Société médicale américaine à Paris,
membre honoraire de la « Pollichia, » Société
des naturalistes du Palatinat, etc., etc.

PARIS.

LIBRAIRIE DE VICTOR MASSON,

Place de l'École-de-Médecine.

1854

L'honorable Académie Leopoldina-Carolina est non-seulement la plus ancienne des Académies cisalpines, mais encore elle a conservé depuis sa fondation jusqu'aujourd'hui un caractère tout à fait à part, des coutumes différentes de celles des Académies d'État. Elle a eu le bonheur de se préserver de l'envahissement des questions de personnalité, toujours fâcheuses pour les assemblées scientifiques, et de conserver une certaine universalité de langage. Enfin elle a compté en France, depuis Ch. Patin (en Académie : Galenus I), reçu en 1679, jusqu'au célèbre doyen de la chirurgie française, M. Ph. Roux (en Académie : Paulus Ægineta), des membres de la plus haute distinction, et elle en possède trente-six environ résidant en France et à Paris.

L'auteur de cette notice a pensé qu'il était bon et utile, comme témoignage de reconnaissance, de donner un large souvenir à ce monument de l'unité allemande, respecté même par le cataclysme de l'Empire.

La Société médicale allemande à Paris, affiliée à l'Académie, célèbre aujourd'hui le dixième anniversaire de sa constitution définitive et le vingt-cinquième de la première réunion de médecins allemands à Paris.

L'auteur de ce modeste travail a donc voulu, en en publiant une partie dans la Gazette Médicale de Paris, quinze jours avant ces anniversaires, faire un appel à ses confrères de l'Académie et de la Société pour qu'ils veuillent bien assister à cette double solennité du deuxième decennium dans lequel entre la Société et du troisième siècle qu'aborde en même temps l'Académie.

L'ACADÉMIE IMPÉRIALE

LEOPOLDINO-CAROLINA

DES NATURALISTES.

Nunquam otiosus.

I. — FAITS HISTORIQUES.

Dix-septième et dix-huitième siècles.

Le 1er janvier 1652, fut fondée à Schweinfurt, alors ville libre de l'empire allemand, une Académie des sciences naturelles, la première en Europe en deçà des Alpes.

Avant cette époque, Florence, Gênes, Venise, Pise, Amalfi, possédaient déjà leurs Académies, et un Allemand nommé Haak avait, en 1645, jeté les bases d'une pareille institution en Angleterre, la « *Philosophical Society* » à Londres et Oxford, qui cependant, sous Cromwell, ne vécut que clandestinement, surnommée « *Occulta* » ou « *Invisibilis*. »

En 1662, cette institution reçut sa sanction publique du roi Charles II, et fut appelée Académie britannique des sciences.

L'Académie des sciences, à Paris, fut fondée en 1666 par les soins de Colbert; elle tenait alors ses séances dans la bibliothèque du roi. Ses lettres patentes furent délivrées en février 1713.

Quatre médecins célèbres du dix-septième siècle et résidant à Schweinfurt, les docteurs Bausch, Fehr, Metzger et Wohlfahrt, furent les fondateurs de l'Académie qu'ils appelèrent *Academia naturæ curiosorum*, et dont le but était le progrès de l'art de guérir, surtout de la pharmacognosie, par des observations particulières et des travaux monographiques. On s'engageait non-seulement à communiquer les observations, mais aussi à les amender et rectifier de façon que chaque travail sorti de l'Académie fût pour ainsi dire son bien commun, enrichi de l'expérience de tous ses membres.

Un président et deux adjoints dirigeaient cette institution, qui ne tarda pas à jouir d'un accroissement considérable, et qui dut bientôt la protection active des empereurs à Sachs de Lewenhaimb, physicien à Breslau et très-estimé à la cour de Vienne. Son Ampelographia précéda l'édition régulière des Éphémérides de l'Académie.

Le 3 août 1677, l'Académie reçut ses lettres patentes de l'empereur Léopold Ier et le nom de *Sacri romani imperii Academia naturæ curiosorum.* L'exercice de ses priviléges s'étendit de l'empire sur les États héréditaires de l'empereur, qui, dix ans après, le 7 août, constitua l'Académie de la façon la plus sérieuse et la plus remarquable. Elle eut des armes (armoiries) et le nom suivant : *S. R. I. Academia Cæsarea Leopoldina nat. cur.* Son président et le directeur des « Éphémérides, » anoblis du titre d'archiatres de l'empereur pour l'empire et les États héréditaires, reçurent la dignité de comtes du palais, tant du Lateran que de la cour impériale.

Ils pouvaient conférer des armes, consacrer des adoptions, créer des licenciés et docteurs en philosophie, en droit et en médecine, des bacheliers et maîtres des mêmes facultés et des poëtes lauréats. Les écrits de l'Académie jouissaient de la liberté de presse et étaient protégés contre la contrefaçon par une loi spéciale.

Le 12 juin 1742, tous ces priviléges, dont elle avait fait un usage très-modéré, furent de nouveau confirmés par l'empereur Charles VII, qui lui donnait encore son nom : *Leopoldino-Carolina.*

Les membres portaient autrefois une bague dont le chaton était formé par un livre ouvert, en or. L'une des pages portait le *lemma academicum* : Nunquam otiosus, et l'autre un œil ouvert, éclairé par des rayons partant d'un soleil dans des nuages. Ce livre était tenu par deux serpents entrelacés au-dessous. Les armes, en tête des publications et de la correspondance officielles, portent encore le même symbole dans un blason entouré de deux branches de laurier, surmonté de la couronne comtale et d'un aigle couronné. Chaque membre avait et a encore un nom académique emprunté à un illustre défunt de la même spécialité. Les premiers membres se comparaient aux Argonautes et leur président à Jason.

Les changements survenus dans les temps ne consistèrent qu'en une augmentation du nombre des adjoints, jusqu'à douze et seize, dans la nomination du président à vie par les adjoints, sous la direction du directeur des ÉPHÉMÉRIDES, et dans l'administration de la propriété, par le président exclusivement.

La propriété de l'Académie, en outre d'une grande bibliothèque très-choisie et de quelques collections, était très-modeste, de 18 à 20,000 fr. environ, provenant de quelques legs du physicien docteur Genssel, à Oedenburg, et du docteur Cothenius, médecin du roi, et augmentés, dans le commencement seulement, par des cotisations libres et par les quelques pièces d'or que les nouveaux membres avaient l'habitude d'offrir en recevant leurs diplômes.

L'Académie a publié, depuis sa fondation jusqu'en 1670, un grand nombre d'écrits non réunis en séries. De 1670 à 1791, elle a publié quarante-sept volumes grand in-4°, avec beaucoup de planches. Trois volumes, *Indices* ou tables de matières, le premier par Wurfbain, en 1695, le second par Michaëlis, en 1713, et le troisième par Kellner, en 1733, complètent, avec trois volumes historiques, datés de 1683, 1755 et de 1788 (A. E. Büchner et H. F. Delius), les publications de cette période, qui finit avec la destruction de l'ancien empire allemand. Nous aurons à revenir plus tard sur sa réintégration politique comme Académie allemande.

Dix-neuvième siècle et état actuel.

Le professeur Wendt, à Erlangen, président de l'Académie Leopoldino-Carolina en 1817, prit, avec le professeur Goldfuss, directeur des ÉPHÉMÉRIDES, la résolution de faire éditer par le président actuel, M. le professeur Nees d'Esenbeck, alors adjoint de l'Académie, une nouvelle série des *Acta physico-medica Acad. L.-C. nat. cur.*, sous le titre de NOVA ACTA A. L.-C. NAT. CUR. Les professeurs MM. Kieser, Doellinger, Goldfuss, Martius, Gravenhorst, Nees d'Esenbeck et beaucoup d'autres prirent part à ces travaux.

L'année suivante, le premier volume de la nouvelle série parut. D'abord on ne devait éditer par an qu'un tome de 40 à 50 feuilles in-4°, avec 20 ou 30 planches, ce qui fait la moitié d'un volume ; mais bientôt l'Académie se vit forcée de publier un volume entier formé de deux tomes, puis d'ajouter un tome, même deux tomes supplémentaires par an. C'est ainsi que depuis 1818 ont paru quarante et un volumes grand in-4°, avec une énorme quantité de planches. Les tomes supplémentaires sont pour la plupart destinés à des monographies volumineuses, telles que les HEPATICÆ EUROPÆÆ de LINDENBERG, et le MÉMOIRE SUR LES MUSACÉES de RICHARD, etc., etc.

Maintenant il nous reste à envisager la position politique de l'Académie impériale Leopoldino-Carolina des naturalistes après la période des révolutions et des guerres. Pendant l'existence de l'ancien empire d'Allemagne, cette position était bien établie et bien précise : c'était l'Académie officielle faisant partie de l'empire comme État indépendant. Elle avait ses droits et priviléges comme les comtes du palais, les autres princes et les autres États. Après la destruction de l'empire, sa base légale, ce privilége d'appartenir à l'Allemagne tout entière sembla menacé, par le fait qu'elle devait avoir pour siége le domicile de son président, toujours nommé à vie. Cette position pouvait avoir pour elle des avantages ou des désavantages, suivant les intentions du prince dont elle habitait le pays ; l'Académie faisant de droit élection de domicile dans tout l'empire, suivant la volonté des électeurs du président, elle pouvait descendre à un rang plus humble et moins digne d'elle, et paraître forcée d'accepter l'hospitalité où on voudrait bien la lui donner.

Mais le sens élevé et le patriotisme des hommes d'État de ce temps la préserva aussitôt et continuellement des inconvénients attachés à cette position délicate, trop délicate même pour que la science n'en eût pas eu à craindre les effets.

Un des princes de l'empire fut constamment son protecteur, conformément à ses statuts. Le dernier avait été le prince de Montecucoli. En 1818, le prince de Hardenberg, chancelier de Prusse, écrivait, sous la date du 28 novembre, au président, que l'offre qu'on lui avait faite du protectorat de cette ancienne et célèbre institution impériale lui avait procuré la satisfaction de pouvoir soutenir et favoriser ses grands travaux pour la gloire scientifique et l'honneur de l'Allemagne, et qu'il avait la conviction que d'honorables souvenirs de ses relations antérieures avec cette docte compagnie subsistaient encore dans son sein. Il ajoutait qu'il voulait prendre toutes les mesures propres à assurer à toute l'Allemagne les fruits de sa noble activité, dans une position tout à fait exempte d'influences et d'intérêts locaux.

A la même époque, le président, professeur à l'Université d'Erlangen, avait accepté une chaire à l'Université de Bonn, et conformément aux anciens statuts et usages, le siége de l'Académie devait être transféré de Bavière en Prusse. Les formalités entre les deux royaumes s'accomplirent avec la plus grande bienveillance de l'une et de l'autre part, et le gouvernement prussien pourvut aux frais du transport des attributs de l'Académie à Bonn. Le ministre de Altenstein écrivit à cette époque au président, en date du 28 mai 1819, qu'il tâcherait de faire reconnaître l'Académie comme *libre institution allemande*, protégée et soutenue par l'État. Depuis ce temps elle a toujours reçu du gouvernement prussien les fonds nécessaires à son existence; d'autres gouvernements se sont également offerts pour la soutenir, si besoin était.

Il en résulte le fait que les États dans lesquels demeure le président payent ou ont payé les frais de l'institution. Le séjour de l'Académie en Prusse n'a donc jamais été jugé nécessaire à son existence, mais bien comme résultant du domicile élu de son président, ce que le gouvernement de cet État a bien voulu sanctionner en déclarant que l'Académie reçue sous la protection de la Prusse devait continuer d'exister d'après ses anciens statuts, s'administrer elle-même, et que, dans son activité, elle ne serait assujettie à aucune autre disposition qu'aux lois générales.

Le principal mode d'action de notre Académie est la rédaction par le président ou les adjoints, et la publication des *Nova Acta*. Les mémoires des membres sont reçus et publiés en langue allemande, française, latine, anglaise et italienne, tandis que les mémoires présentés en d'autres langues européennes ne le sont qu'en traduction.

Le siége de l'institution est actuellement à Breslau, en Silésie. La bibliothèque, d'abord recueillie dans le château de Poppelsdorf, près Bonn, est maintenant placée sous la garde de M. Aimé Henry, conseiller municipal à Bonn, bibliothécaire de l'Académie. M. Édouard Weber, dans la même ville, est libraire de l'Académie, et c'est avec un désintéressement complet qu'il vaque à cet office. Les membres et abonnés des *Nova Acta* peuvent acquérir les quarante-deux volumes du siècle actuel au prix de 177 thalers, après avoir obtenu le consentement du président. Les volumes du siècle passé n'existent plus en librairie.

Les membres qui envoient des mémoires reçoivent pour honoraires le volume qui contient leur travail et vingt-cinq exemplaires du mémoire, tirés à part.

L'Académie échange ses écrits avec toutes les grandes corporations scientifiques. Voici les noms des quarante-sept Académies ou Sociétés savantes avec lesquelles elle entretient des relations scientifiques, répartis d'après les pays :

Allemagne : Académie impériale des sciences à Vienne.
Académie royale des sciences à Berlin.
Académie royale à Munich.
Société royale des sciences à Leipzig.
Société silésienne de culture de la patrie à Breslau.
Société impériale de géologie à Vienne.
Société royale de botanique à Regensburg.
Association pharmaceutique générale d'Allemagne à Landau.
Société royale d'horticulture à Berlin.
Société des sciences naturelles à Marburg, Gorlitz, Gressen, etc.
France : Institut impérial de France.
Académie impériale de médecine à Paris.
Société géologique de France.
Muséum d'histoire naturelle à Paris.
Société de chirurgie à Paris.
Annales des sciences naturelles à Paris.

Société d'agriculture et de botanique à Lyon.

Société médicale allemande à Paris.

Nous aurons plus tard à revenir sur l'affiliation de cette dernière avec l'Académie allemande.

Angleterre : Royal London society.

Linnean society, London.

Geological society, London.

Zoological society, London.

Horticultural society, London.

Royal Edinburgh society.

Philosophical society, Cambridge.

États-Unis : Smithsonian institution, Washington.

Academy of natural sciences, Philadelphia.

American Academy of arts and sciences, Boston.

Lyceum of natural history, New-York.

Suisse : Société helvétique des sciences naturelles à Berne.

Société de physique à Genève.

Suède : Académie royale des sciences à Stockholm.

Hollande : Institut royal des Pays-Bas, Amsterdam.

Société hollandaise des sciences, Haarlem, Bataviaasch Genootschap van Kunsten en Wetenschappen, Batavia.

Espagne : Académie royale des sciences à Madrid.

Sardaigne : Académie royale des sciences à Turin.

Belgique : Académie royale des sciences à Bruxelles.

Académie royale de médecine à Bruxelles.

Société d'agriculture et de botanique à Gand.

Russie : Académie impériale des sciences à Saint-Pétersbourg.

Société impériale des naturalistes à Moscou.

L'Académie se trouve réunie, en tant que les distances le permettent à ses membres, à l'occasion des assemblées générales des naturalistes et médecins allemands qui, depuis 1822, se tiennent tous les ans vers la fin de septembre, sur différents points de l'Allemagne.

Les membres ont, comme autrefois, un surnom académique conforme à leurs travaux spéciaux, et qui doit être, si faire se peut, celui d'un célèbre défunt ayant cultivé une branche scientifique pareille à la leur.

Une distinction entre les membres honoraires correspondants et titulaires n'existe pas.

La correspondance de l'Académie est affranchie du droit de poste dans l'État où elle siége.

S. M. le roi de Wurtemberg a tout récemment remis une somme importante destinée aux voyageurs de l'Académie.

Le prince ANATOLE DEMIDOFF, surnommé *Franklin*, a fondé trois prix pour la botanique, pour la minéralogie et la géognosie, et pour la zoologie, à décerner les 17 juin 1854, 1855 et 1856. Le programme du premier prix a été publié en français par les soins mêmes du prince Demidoff, et l'Académie en a reçu un tirage de mille exemplaires. Le programme du deuxième prix, de celui de géognosie, vient d'être distribué en France par l'auteur de cette notice.

L'organe officiel de l'Académie est la « BONPLANDIA, » *Journal pour la Botanique générale*, rédigé par M. le docteur Berthold SEEMANN, à Kew, près Londres, membre de l'Académie, le même qui, outre ses voyages en Amérique et Australie, a fait trois fois partie des expéditions arctiques entreprises à la recherche de sir John Franklin, et dont la dernière a coûté à la France la vie du courageux officier Belot.

C'est une partie spécialement affectée à cela dans ce journal qui rapporte, et les actes administratifs et officiels du président, et les communications abrégées des membres.

Les mémoires prennent place dans les *Nova Acta*, et c'est une longue série de noms célèbres qui ont contribué à donner aux *Acta* et aux *Nova Acta* de cette Académie nationale des Allemands l'éclat dont elle jouit.

Nous y trouvons des mémoires de J. W. de Goethe, A. de Chamisso, du prince de Neuwied, du président actuel Nees d'Esenbeck, des Ehrenberg, Carus, C. Sprengel, Bojanus, Otto, Gruithuisen, Goldfuss, Klug, d'Alton, G. Bischof, Joh. Muller, Breschet, Rapp, de Baer, Unger, G. de Jaeger, de Sœmmering, Meyen, de Glocker, de Siebold, de Walther, comte de Munster, H. de Meyer, Goppert, Zuccarini, H. de Mohl, de Martius, Brandt, Ratzeburg, Erichson, Eschricht, Valentin, Hering, Alex. Braun, Purkinje, Schleiden, Burmeister, Miquel, Lereboullet, Koch, Barkow, J. F. et O. Heyfelder, Creplin, de Münchow, Pastré, Rathke, Heim, Greville, Lehmann, Kieser, Schrank, Kuhl, Agassiz, Gaede, Hornschuch, Schelver, Detharding, Wiegmann, Lindenberg, Harless, A. Richard, Schultz, Eysenhardt, van der Hoeven, Tilesius, M. J. Weber, Mende, Noggerath, Rosenthal, Reinwald, Risso, C. Mayer, Lejeune, E. Meyer, Frechland, Themmen, Ritgen, Ocskay de Ocsko, Schlegel de Leyde, Werneburg, Berthold, Berthelot, Zinken nommé Sommer, O. Bronn, Germar, Kaulfuss, Reich, Schummel, Dumortier, Mikan, Corda, Phœbus, Eichwald, Courtoi Jacquemin, Thienemann, Henry, Pfeiffer, Michaelis, Krohn, Kützing, Frankenheim, Oschatz, Gottsche, Charpentier, de Flotow, Schauer, Seubert, Karsten, C. Stahl, de Bibra, de Siemuszowa-Pietruski, Reisseck, le ch. Neigebaur, Th. Poleck, J. W. de Muller, Krauss, Stenzel, comte de Trevisan, Batka, Lantzius-Beninga, Pringsheim, Cohn, Milde, de Gorup-Besanez, Mell, et d'autres.

Présidence et collége des adjoints.

Président : M. NEES D'ESENBECK, docteur en médecine et philosophie, ancien professeur à l'Université de Breslau, membre des Facultés de Prague et de Pesth.

Director ephemeridum : M. D. G. KIESER, D. M. professeur à l'Université de Iéna, conseiller intime à la cour de S. M. le roi de Prusse, conseiller médical de S. A. R. le grand-duc de Saxe-Weimar.

Adjoints : M. G. DE JAEGER, D. M., conseiller médical supérieur, professeur et directeur du musée d'histoire naturelle à Stuttgart.

M. J. F. HEYFELDER, D. M., professeur de chirurgie et directeur de la clinique chirurgicale à l'Université de Erlangen.

M. MAPPES, D. M., physicien de la ville libre de Francfort.

M. WILL, D. M., professeur à l'Université de Erlangen.

M. G. G. BISCHOF, D. M., professeur de chimie à l'Université de Bonn, conseiller intime des mines de S. M. le roi de Prusse.

M. C. H. SCHULTZ, *Bipontinus*, D. M., médecin de l'hôpital civil à Deidesheim (Palatinat).

M. ED. FENZL, D. M., professeur I. R. de botanique et directeur du jardin botanique à Vienne.

M. W. HAIDINGER, conseiller I. R. des mines et directeur de la section de Vienne.

M. C. W. G. KASTNER, D. M., professeur de chimie et de physique à l'Université de Erlangen, conseiller de la cour de S. M. le roi de Bavière.

M. J. G. C. LEHMANN, D. M., professeur de physique et d'histoire naturelle et directeur du jardin botanique de Hambourg.

M. C. F. P. DE MARTIUS, D. M., professeur à l'Université et directeur du jardin botanique de Munich, conseiller de la cour et membre de l'Académie des sciences de Bavière.

M. J. S. C. SCHWEIGGER, D. M., professeur de chimie et de physique à l'Université de Halle.

M. A. BRAUN, D. M., professeur de botanique à l'Université de Berlin.

Parmi les membres du collége des adjoints décédés il y a peu de temps, nous citons :

M. le docteur OKEN, professeur d'histoire naturelle à Zurich, conseiller de la cour de S. A. R. le grand-duc de Saxe-Weimar.

M. le docteur HARLESS, professeur de médecine à Bonn, conseiller intime de S. A. le duc de Saxe-Gotha.

L'Académie comptait, à son dernier recensement (le 17 mai 1851), un total de 1,492 membres, depuis 1652, et le nombre des vivants à la même époque était de 372 (1).

Voici enfin les noms des savants en France, décédés et vivants, qui ont fait et qui font encore partie de l'Académie Leopoldino-Carolina.

DÉCÉDÉS AVEC LA DATE DE LEUR RÉCEPTION DANS L'ACADÉMIE.

Charles PATIN, 1679. — Benj. GLOXIN, 1685. — J.-J. HENRY, 1686. — Pierre CHIRAC, 1686.—J.-J. HENNINGER, 1714.—J. SALTZMANN, 1720. — J.-N. DE L'ISLE, 1725. — J.-J. FRIED, 1736. — G.-H. BEHR, 1738. — L.-J. LE THIEULLIER, 1734. — Fr.-L. BOISSIER DE SAUVAGES, 1754. — CL.-N. LE CAT, 1754. — Ph.-H. BOECLER, 1755. — J.-R. SPIELMANN, 1760. — L.-CL. CADET, 1761. — VALMONT DE BOMAER, 1764. — J.-Fr. DEMACHY, 1766. — BATIGNE, 1768. — A.-A. CADET, 1771. — BOURDELIN, 1773.—Fr. DUJARDIN, 1773.—J.-Agath. LE ROY, 1774.—B.-G, SAGÉ, 1775. — J.-B.-Fr. CARRÈRE, 1775. — E. DE FONTANIEU, 1779. — R. WILLEMET, 1789. — J.-CL. DE LA MATHERIE, 1792. — J.-G. GALLOT, 1792. — A.-L. MILLIN, 1792. — J. DE GRANDIDIER, 1798.

H. DE BLAINVILLE, 1818. — Fr. CUVIER, 1820. — J. Bar. DE CUVIER, 1820. — P.-A. LATREILLE, 1820.—A. RICHARD, 1820.—J.-F. LOBSTEIN, 1820.—F.-S. BEUDANT, 1822. — J. BRESCHET, 1823. — Bar. DAUDEBARD DE FÉRUSSAC, 1823. — A. DE SAINT-HILAIRE, 1823. — Adr. DE JUSSIEU, 1824. — J.-J. VIREY, 1824. — Alex. BRONGNIART, 1824. — C. GAUDICHAUD, 1829. — Ph.-J. ROUX, 1853.

MEMBRES ACTUELS EN FRANCE.

S. A. I. le prince LUCIEN-BONAPARTE, *cognomine* EDWARDS, membre de la Société linnéenne, de l'Institut impérial de France et de l'Académie américaine des sciences.

M. Pierre-Olivier RAYER, *cogn.* HUFELAND, médecin consultant de S. M. l'empereur, membre de l'Institut impérial de France et de l'Académie impériale de médecine.

M. Pierre BÉRARD, *cogn.* SYDENHAM, professeur de physiologie à la Faculté de Paris, inspecteur général des Facultés et Écoles de médecine en France, ancien président de l'Académie impériale de médecine.

M. C.-F. BRISSEAU-MIRBEL, *cogn.* DODARTIUS, membre de l'Institut de France.

M. A.-M. HÉRON DE VILLEFOSSE, *cogn.* DELIUS, membre de l'Institut de France.

M. Sab. BERTHELOT, *cogn.* SMITH, professeur de botanique.

M. Jacques CAMBESSÈDES, *cogn.* SERRA, membre des Sociétés philomatique et des sciences naturelles à Paris.

---

(1) L'ANNUAIRE ROYAL DE PRUSSE de 1851 ne porte encore que 366 membres.

M. Georges-Louis Duvernoy, *cogn.* Cuvier, professeur d'anatomie comparée au Musée d'histoire naturelle.

M. Charles Henri Ehrmann, *cogn.* Bojanus, professeur d'anatomie à la Faculté de Strasbourg.

M. H. Scoutetten, *cogn.* Pictet, professeur à l'École d'application de médecine militaire à Metz.

M. Nicolaus Chervin, *cogn.* Enrico de Welmar, membre correspondant de l'Académie des sciences à Paris.

M. Antoine-Laurent-Appollinaire Fée, *cogn.* Nestler I, professeur de botanique à la Faculté de Strasbourg.

M. Joseph Decaisne, *cogn.* Redouté, membre de l'Institut de France, professeur au Muséum d'histoire naturelle à Paris.

M. Jean-Baptiste-Antoine Guillemin, *cogn.* Ventenat, professeur adjoint au Muséum d'histoire naturelle à Paris.

M. Émile Jacquemin, *cogn.* Marsilius II, professeur de physiologie et médecin à Paris.

M. Hippolyte Larrey, *cogn.* Anthyllus, chirurgien consultant de l'empereur, professeur et médecin en chef de l'École de perfectionnement et de l'hôpital militaire du Val-de-Grâce, membre de l'Académie impériale de médecine.

M. Pierre-Charles-Alexandre Louis, *cogn.* Formey, membre de l'Académie impériale de médecine.

M. Jean Civiale, *cogn.* Reich, membre de l'Institut et de l'Académie impériale de médecine.

M. George Andral, *cogn.* Frank, membre de l'Institut et de l'Académie impériale de médecine, professeur à la Faculté de Paris.

M. Jules Guérin, *cogn.* Severin, membre de l'Académie impériale de médecine, rédacteur en chef de la Gazette Médicale.

M. Charles-Emmanuel Sédillot, *cogn.* Heister, membre de l'Académie impériale de médecine, professeur à la Faculté de Strasbourg.

M. Jean-Louis-Marie Poiseuille, *cogn.* Hales III, membre de l'Académie impériale de médecine.

M. Antoine-Joseph Jobert de Lamballe, *cogn.* Scarpa, actuellement vice-président de l'Académie impériale de médecine, chirurgien consultant de l'empereur, chirurgien de l'Hôtel-Dieu.

M. Réné Marjolin, *cogn.* Ambrosius Paré, secrétaire général de la Société de chirurgie, chirurgien de l'hôpital Sainte-Marguerite.

M. J. F. Camille Montagne, *cogn.* Vaillant, membre de l'Institut.

M. Frédéric Dubois (d'Amiens), *cogn.* Oribasius, secrétaire perpétuel de l'Académie impériale de médecine.

M. François-Achille Longet, *cogn.* Breschet, professeur d'anatomie et de physiologie à l'Ecole pratique, médecin en chef de la maison de la Légion d'honneur et membre de l'Académie impériale de médecine.

M. Marie-Jean-Pierre FLOURENS, *cogn.* VICQ D'AZYR, professeur de physiologie comparée au Muséum d'histoire naturelle, secrétaire perpétuel de l'Académie impériale des sciences.

M. Phillippe BARKER-WEBB, *cogn.* PENA, botaniste célèbre à Paris.

M. Charles MARTINS, *cogn.* TRION, professeur à la Faculté de médecine de Montpellier.

M. Louis-Pierre-Auguste GAUTHIER, *cogn.* AETIUS, médecin de l'hôpital de la Charité à Lyon.

M. Frédéric KIRSCHLEGER, *cogn.* GUNTHER ANDERNACENSIS, professeur à la Faculté de Strasbourg.

M. Edouard SPACH, *cogn.* BLAIR, professeur adjoint au Muséum d'histoire naturelle à Paris.

M. Benjamin DELESSERT, *cogn.* DE LAMARCK, membre associé libre de l'Académie des sciences.

M. A. LEJOLIS, *cogn.* GEOFFROY, secrétaire perpétuel de la Société des sciences naturelles à Cherbourg,

Et l'auteur de la présente notice historique.

RELATIONS DE L'ACADÉMIE IMPÉRIALE LEOPOLDINO-CAROLINA DES NATURALISTES AVEC LA SOCIÉTÉ MÉDICALE ALLEMANDE A PARIS.

De tout temps on partageait en Allemagne cette opinion que les voyages seuls peuvent achever l'éducation du savant et faire progresser la science.

Il n'y a que les voyages à l'étranger qui peuvent fournir le terme de comparaison entre les résultats qu'on doit au pays natal et ceux de l'étranger. Celui qui ne sort jamais de son appartement ne saura jamais s'il est mieux ou moins bien fourni que celui d'un autre.

C'est donc aux sciences médicales et naturelles qu'on doit l'affluence énorme des savants à Vienne, à Prague, à Würzburg, à Londres et à Edimbourg, affluence de savants accomplis et aussi de ceux qui ne viennent que d'acquérir leur diplôme et qu'attirent les institutions médicales dotées largement par l'État. Jamais un Allemand, ceci dit en passant, ne quitte sa patrie pour voyager, sans avoir fini sa carrière de faculté.

L'immense matériel que renferme Paris pour les observations médicales et d'histoire naturelle et la centralisation des efforts multiples pour en tirer parti sont la cause du grand nombre d'apôtres de la science qui s'y réunit toujours. Il leur a fallu un centre tout à la fois scientifique et social. Comme les médecins anglais depuis 1837 et tout récemment en 1851 les médecins américains, les Allemands se voyaient rapprochés par les liens du langage, de la naissance, de la même instruction, et par l'intérêt scientifique et social en même temps. Jusqu'au moment de la formation d'une société reconnue par les lois, plusieurs réunions ou petits cercles avaient existé pendant quelque temps et avaient interrompu leur activité faute d'une organisation définitive et durable. La première de ces réunions remonte à l'année 1830, et est due à l'activité incessante de M. Sichel.

Le 11 mai 1844 MM. E. Stromeyer, Szokalski, Kolb, Feldmann, Schuster, Otterburg et d'autres ont fondé définitivement la *Société médicale allemande à Paris*. Son but est de créer un centre scientifique pour les médecins allemands, de provoquer entre eux des études comparatives sur les résultats des différents pays obtenus dans le domaine de la médecine et des sciences naturelles, de fournir aux médecins allemands qui ne sont à Paris que pour un court espace de temps les informations ayant trait à leurs études et à leurs spécialités scientifiques, de fonder enfin une bibliothèque médicale allemande permanente à Paris, accessible du reste également aux Français, et de l'enrichir des productions les plus nouvelles de la science médicale en Allemagne. La Société tend à acquérir ce but par des séances scientifiques hebdomadaires et l'entretien d'un local particulier où la collection de journaux et de livres est à la disposition des lecteurs pendant toute la journée. Dans les séances se font des discours scientifiques, des relations sur les faits observés et des comptes rendus sur des travaux manuscrits ou imprimés. Le tout se fait en langue allemande, bien que les discours des savants français qui ont honoré la Société de leur présence aient été écoutés avec le plus grand intérêt.

Un des principaux buts de la Société est, comme on voit, la fondation d'une bibliothèque médicale allemande à Paris ; elle a voulu, par un paragraphe spécial, mettre les confrères français à même de puiser aux sources scientifiques d'un pays dont la langue est trop peu connue en France, pour que tout le monde puisse se passer du concours libre et bienveillant que chaque sociétaire accordera à ceux qui désirent se servir des ressources que le budget de la Société permet d'acquérir. Pour participer temporairement à ces avantages, il suffit d'une simple demande écrite au comité.

Pour imprimer la direction la plus sérieuse aux travaux de la Société, pour parer en même temps aux effets des événements politiques qui ont trop souvent enlevé à Paris ses visiteurs et ses admirateurs, et pour ne point priver nos successeurs, ainsi que nos confrères français, des bénéfices d'une collection de livres et de journaux, la Société a jugé à propos de confier son existence morale et matérielle entre les mains d'une corporation vénérable par son ancienneté et à l'abri des fluctuations de l'esprit changeant du siècle.

Elle a choisi à cette fin la plus ancienne Académie, qui appartient à l'Allemagne entière, à l'Académie impériale Leopoldino-Carolina qui conserve un glorieux souvenir, au dernier monument de l'ancien empire allemand.

Le traité suivant fut conclu sur la proposition du président actuel, par la gracieuse médiation d'un Adjoint de l'Académie, M. le professeur Heyfelder à Erlangen, et sous les auspices et avec le consentement du président de l'Académie, M. le professeur Nees von Esenbeck à Breslau.

1. La Société médicale allemande est placée sous le protectorat de l'Académie impériale Leopoldino-Carolina des naturalistes, et ses statuts sont reconnus par cette dernière.

2. Ladite Société envoie à l'Académie un rapport annuel sur son activité qui est inséré dans les NOVA ACTA ACAD. L. C. NATUR. CUR., avec la liste des acquisitions bibliographiques de la même année.

3. La bibliothèque et le mobilier de la Société sont déclarés propriété de la bibliothèque académique en cas de cessation de son existence. L'Académie lui donne en retour à perpétuité une contre-lettre, au moyen de laquelle un certain nombre de médecins allemands qui viendraient établir à Paris une autre société basée sur les anciens statuts, pourra la faire reconnaître comme telle et se faire réintégrer par l'Académie dans les droits et dans la propriété de la société actuelle.

4. L'Académie donne à la Société un volume des NOVA ACTA et reçoit un mémoire de deux à trois feuilles et autant de planches, selon sa rédaction dans une des deux sections du volume. La Société médicale allemande à Paris donne à l'Académie ses publications.

5. La convention, faite en double et signée des deux parties, est reproduite dans la préface des NOVA ACTA ACAD. L. C. NAT. CUR.

Breslau, le 26 juillet 1853.

Pour l'Académie I. L. C. des naturalistes.

(L. S.) (m. p.) *Le président,*

Dr NEES VON ESENBECK.

Paris, au local de la Société, 24, rue de l'Ecole-de-Médecine, le 28 juin 1853.

Le comité de la Société médicale allemande à Paris.

(L. S.) Dr H. L. MEDING.

Pour le vice-président, Dr OSCAR HEYFELDER.

Dr RUST.

Dr SIMON (de Darmstadt).

Dr STEIN.

Pour le trésorier : Dr W. ERHARDT.

De droit et d'après les statuts, M. Nees de Esenbeck, président de l'Académie et premier président honoraire de la Société médicale allemande à Paris ;

M. Heyfelder père, professeur de clinique chirurgicale à Erlangen, et M. Bérard, professeur de physiologie à la Faculté de Paris, ont bien voulu accepter les charges honorifiques des deux autres présidents honoraires.

Voici enfin les statuts et priviléges de l'Académie impériale Leopoldino-Carolina des naturalistes en traduction française littérale :

Nous Léopold, par la grâce de Dieu, empereur romain, roi élu d'Allemagne, etc., etc., reconnaissons par les présentes et faisons savoir à tous :

De même que nos glorieux ancêtres, les empereurs et rois romains, ont jugé comme devoir attaché à leur haute position et conforme à leur dignité de soutenir et de reconnaître de par l'Etat les différentes fondations et institutions en faveur des sciences et des établissements d'instruction qui existent dans le S. Empire Romain ; de même nous, vu leur utilité pour le bien commun public, selon l'exemple très-louable de nos prédécesseurs, et afin que cette science donnée par Dieu au genre humain de conserver et de rétablir la santé soit soigneusement protégée et répandue : voulons prendre soin que ceux qui étant pourvus de la plus profonde science et d'une longue expérience de l'art de guérir, se dévouent au bien de leurs concitoyens, soient munis de droits et de libertés conformes à leur mérite.

Afin qu'ils prennent croissance sous la grâce impériale, nous voulons confirmer et augmenter leurs droits en les encourageant et en les honorant gracieusement de distinctions et de récompenses suffisantes.

Après qu'il nous a été humblement soumis par nos très-experts et très-savants, très-fidèles et très-chers du S. Empire Romain, le président, les adjoints et les autres membres de l'Académie des *naturæ curiosorum* (naturalistes) : qu'ils ont rédigé en commun, à l'effet d'une stricte observation, certaines lois et certains statuts qui doivent dans l'avenir étroitement joindre les membres de cette Société et qui ont la teneur suivante :

LOIS DE L'ACADÉMIE DU SACRÉ EMPIRE ROMAIN DES NATURÆ CURIOSORUM.

(Buechneri historia Acad. nat. cur., p. 188-195.)

L. I. La gloire de Dieu, l'illustration de l'art médical et les avantages qui en résultent pour nos semblables doivent être le but et la règle unique de l'Académie des *naturæ curiosorum*.

L. II. La Providence divine présidera l'Académie. Elle sera en faveur générale par l'exercice et l'usage que suivent dans les Etats bien constitués, sinon tous et chacun, au moins la plupart et les plus sensés pour sauvegarder leur bien-être et leur santé.

L. III. Cette Société a voulu prendre le nom de *Sacri romani imperii Academia naturæ curiosorum*, parce qu'elle a pris naissance en Allemagne, et que jusqu'à présent ses membres ont été des Allemands vivant dans les différentes provinces de l'Empire Romain-Allemand, ainsi que d'autres sociétés de savants ont l'habitude de prendre le nom d'*Académies*; espérant qu'avec un accroissement continuel elle éprouvera la protection et les largesses de la Sa Majesté Impériale, des Sérénissimes Électeurs et des autres princes de l'Empire, sans lesquelles elle ne saurait ni subsister ni se fortifier.

L. IV. Dans le but d'acquérir un accroissement heureux et durable et pour que des hommes de cœur et de science soient bientôt invités à joindre une institution si louable et utile, il faudra agir en sorte qu'une plus grande autorité lui soit dévolue, et que ses membres soient excités par des honneurs et des récompenses, uniques et grands moyens pour l'exécution de toute chose importante. On doit pour cela demander des priviléges et des immunités personnelles du très-puissant Empereur des Électeurs et autres princes de l'Empire, ainsi que des Villes libres de l'Empire, selon et pour les membres de la Société vivant dans les différents pays. On ne doit pas douter que ces grâces et clémences ne soient accordées d'abord, puisque le nombre des membres n'est pas considérable, et ensuite parce qu'ils vivent dispersés dans les communes et villes d'Allemagne et qu'ils ont mérité par leurs efforts pour être utiles au public les récompenses de quelques biens et libertés tout aussi bien que les professeurs des Universités.

L. V. L'Académie n'aura qu'un seul président. Il doit diriger les affaires de l'Académie de manière que tout ce qui peut la faire accroître et prospérer soit l'objet de son zèle et de ses conseils. Il doit en outre inscrire le nom de chaque académicien dans un livre spécial (matricula), en y joignant la patrie, le jour de naissance, l'endroit qu'il habite, la position antérieure et actuelle, et plus bas le jour du décès des membres. Ce livre doit être scrupuleusement gardé chez lui comme des archives.

L. VI. Seront associés au président quelques « Adjoints » comme secrétaires, à cause de l'étendue des pays. Jusqu'à présent il n'y en a eu que deux; mais on peut augmenter leur nombre avec l'accroissement de la société, et en nommer plusieurs autant qu'il sera utile à l'Académie. On doit cependant à l'avenir élire ceux qui se sont recommandés à la Société par leurs écrits édités. Ceci se fera par le président avec l'assentiment des collègues.

L. VII. L'office des Adjoints est de correspondre fréquemment et fidèlement avec le président, d'inviter par écrit d'autres médecins et surtout ceux qui excellent par leur savoir; de donner l'éloge mérité et un honorable surnom aux collègues inscrits dans l'Album. Le tout après qu'ils auront satisfait aux conditions et de concert avec le président, comme il a été en usage jusqu'à présent.

Ils doivent exhorter avec bonté ceux qui manquent à leurs devoirs, et diriger à l'endroit où se rédigent les Ephémérides, les observations et expériences communiqués du dehors.

L. VIII. Il faut pour cela que les Adjoints soient distribués à des endroits où il leur sera facile d'entrer en relations scientifiques suivies avec des médecins autres que les membres, surtout avec l'étranger.

Un Adjoint doit toujours être près du président, afin qu'il puisse avoir avec lui communication des choses les plus nécessaires. Le même Adjoint doit, si le président vient à mourir, annoncer aussitôt cet événement par une missive publique, afin que, de tous les Adjoints, il puisse être procédé impartialement à l'élection d'un autre et digne président, surtout parmi les collèges des Adjoints.

L. IX. Les membres de l'Académie des naturalistes (dans le nombre desquels on n'admettra que les docteurs et les licenciés, ou ceux dont le savoir les approche, et tous les médecins ou physiciens), lorsqu'ils sont invités et reçus, sont astreints à deux obligations, savoir : d'abord ils choisiront une matière à traiter, du règne minéral, végétal ou animal, à leur gré, et qui n'a pas encore été traitée par un autre collègue; ensuite, ils se dévoueront avec un zèle infatigable pour augmenter et orner les Ephémérides annuelles.

L. X. Si quelqu'un, ce qui atteint le premier article, a choisi un sujet de médecine à traiter, avant de le livrer à l'impression, il doit en donner communication au président ou à l'un des adjoints, afin que si les autres collègues ont connaissance de quelque chose de rare ou de remarquable sur le même sujet, ceci puisse être sincèrement communiqué et ajouté par l'auteur, avec mention honorable du communiqué et du communiquant. On notifiera pour la même raison les sujets choisis annuellement, à la fin des Éphémérides de l'Académie.

L. XI. L'académicien élaborera une telle matière avec soin, en donnant du sujet traité les noms et synonymes, le mode de génération, l'endroit d'origine, les différences, les espèces, le choix, les *virtus* du total et des parties, les médicaments tant simples que chimiques et composés qu'on en prépare, sans oublier, s'il y a lieu, de rappeler l'usage mécanique à peu près dans la manière dans laquelle ROSENBERG a écrit sa RHODOLOGIA, STROBELBERG sa MASTICHOLOGIA, SCHENCK sa MARATHROLOGIA, GANS sa CORALLOLOGIA, BLOCHWITZ son SAMBUCUS, et autres membres qui ont traité des sujets semblables.

L. XII. Il est permis au président (comme aux autres académiciens qui ont pu voir le travail avant l'impression), pour qu'il soit plus parfait, de faire des remarques, de corriger et d'ajouter, de changer, d'annexer une notice ou un corollaire (de tout avec la permission de l'auteur et sans l'offenser), ou de l'insérer après dans les **Éphémérides** allemandes. Tout ceci doit se faire amicalement, avec candeur et fraternité, sans arrogance, ou envie, ou mépris et flétrissure d'autrui; car il n'est pas dans les habitudes d'un médecin raisonnable d'envier et de calomnier un autre.

L. XIII. Un temps fixe pour la déposition d'un tel travail ne saurait être demandé pour un médecin, puisque l'exercice de son art l'empêche de travailler toujours pour lui-même et pour la société; il suffira, si le bien du prochain et le désir de la gloire l'excitent, de présenter son produit mûri, d'abord à l'Académie, et ensuite au monde.

L. XIV. Le travail fini, le président et les Adjoints donnent à l'auteur académicien un surnom pour le décorer, comme il a été en usage jusqu'à présent.

Les autres collègues qui travaillent simplement pour la collection des Éphémérides de l'Académie n'auront de surnom qu'à l'époque où ils auront satisfait à l'usage académique, en traitant une matière curieuse qu'ils éditeront après.

L. XV. Celui qui a rempli sa tâche n'est pas obligé à de nouvelles élaborations, il suffit, s'il apporte son tribut scientifique aux Éphémérides allemandes, la seconde et importante institution de l'Académie, et s'il vient en aide à ses collègues pour embellir leurs travaux. Si, au contraire, il lui plaît de produire de nouveaux travaux monographiques, il n'en méritera qu'une plus grande faveur et sera un membre d'autant plus digne de l'Académie.

L. XVI. Comme, en dehors de ces monographies, qui ont été et qui seront traitées par les membres, toutes sortes d'observations, expériences, problèmes de physique et de médecine, sont de la plus grande utilité pour l'Académie, elle satisfera les naturalistes également dans ce deuxième mode d'action indiqué L. VIII.

On devra par suite émettre un programme à tous les savants de l'Europe, tant en Allemagne qu'à l'étranger, d'Italie, de France, d'Angleterre, de Belgique, de Danemarck, pour les inviter d'une manière polie, honorable et amicale, de communiquer à l'Académie, fidèlement et par écrit, si quelque découverte dans les sciences médicales et naturelles venait à leur connaissance, et de les transmettre à Breslau, où seront rédigées les communications des années prochaines. Les membres de l'Académie devront également et par lettres écrites, réclamer de leurs amis particuliers ce bénéfice de communications importantes pour le bien public.

L. XVII. Ces observations, expériences, inventions, problèmes et autres communications savantes, seront recueillies en un corps par les Adjoints et par d'autres membres, sous le surnom honorable du savant qui les a transmis, en y ajoutant le nombre des communications, ainsi que le nom de celui auquel il les a communiquées.

Les collecteurs désignés spécialement doivent les réunir annuellement et les envoyer à l'éditeur de l'Académie, qui les doit publier sous le nom d'Éphémérides des naturalistes allemands.

De cette manière, tout ce qui a été occulte ou qui est rare en sciences naturelles ou médicales, en quelque endroit que cela eût été trouvé, sera réuni comme sur un tableau pour être présenté au monde savant; car il est probable que les communications suivies et exactes ne manqueront pas, parce que c'est une porte pour la gloire et le mérite en faveur de l'humanité, qui s'ouvre devant ceux qui, n'ayant quelquefois ni le temps ni le loisir de publier leurs travaux eux-mêmes, et en particulier pourront les voir, dans les Éphémérides, exposés au monde avec une recommandation honorifique.

Pour qu'alors les médecins s'empressent de communiquer par écrit et volontairement à l'Académie, des faits, nos membres doivent se dispenser d'une critique trop sévère et se contenter de relater simplement comment le travail est arrivé. Ils seront libres cependant, si un cas pareil leur était déjà connu, d'ajouter un scholion, mais sans sel mordant.

L. XVIII. On ajoutera à ces Éphémérides annuelles, dès qu'il y aura eu de bonnes publications en médecine, quelquefois en donnant d'une manière succincte le contenu principal des ouvrages. A la fin se trouveront les indications des décès, avec commémoration honorable de ce que le membre décédé de l'Académie a produit, la liste de ses publications et une très-courte analyse de sa vie.

L. XIX. Si un académicien venait à mourir avant l'édition d'un ouvrage, les fragments en seront recueillis par un autre collègue, et il sera permis de les publier avec le consentement du président et sous le nom du défunt.

L. XX. Tout membre fera des efforts pour attirer à l'Académie encore d'autres médecins allemands ou étrangers qui auraient à cœur ce genre de travaux allemands, soit pour qu'ils deviennent membres, soit pour qu'ils favorisent la société, les collègues et les collecteurs des éphémérides, de leur concours pour communiquer des faits rares.

L. XXI. Chaque académicien doit porter le symbole de l'Académie, c'est-à-dire une bague en or qui porte, au lieu du bijou, un livre ouvert, dont une page montre un œil éclairé par des rayons provenant d'un nuage, tandis que, sur l'autre, se trouve le mot ou lemma académique : « *Nunquam otiosus.* » Ce livre est tenu des deux côtés par deux serpents dont les corps et les queues entourent l'anneau de la bague. Ceci doit être moins un décor de l'ordre qu'un rappel à la sérieuse et fidèle exécution de nos devoirs.

Le Président et le Collége des Adjoints Nous ayant prié humblement de vouloir bien autoriser par notre toute-puissance impériale dans le S. Empire Romain, dans nos royaumes héréditaires et dans nos provinces, la Société académique fondée par eux, mais encore de daigner approuver et reconnaître les lois de cette Société, et par suite la constitution de ladite réunion académique.

Après de mûres délibérations et réflexions et trouvant justes et honorables par elles-mêmes ces demandes qui tendent à faire progresser le bien-être public, nous avons résolu de leur faire un gracieux accueil.

Après avoir pris connaissance exacte de l'affaire, nous agréons, de par notre bonté impériale, ladite Société académique dans la forme où elle a été constituée et réglementée, ainsi que ses lois et statuts ci-dessus énoncés dans tous leurs points, motifs de déterminations et teneur.

Ainsi que nous l'approuvons et confirmons en meilleure forme, nous conférons également aux personnes qui en font partie le plein pouvoir et la liberté absolue d'exercer et de répandre ces études louables et cette institution dans toute l'étendue du S. Empire Romain, dans nos États royaux et héréditaires et dans tout le monde, sans entrave ou objection aucune, sauf le respect dû aux droits du S. Empire et d'autres.

Il ne sera donc permis à personne de troubler ou de contrevenir témérairement à un point quelconque de cette permission, confirmation, consentement et grâce, sous peine de Notre extrême disgrâce et de 50 marcs d'or pur, amende irrémissible pour les contrevenants, et dont la moitié sera acquise au fisc ou à Notre trésor impérial ; le restant sera employé selon le dommage encouru par l'offensé sans espoir aucun de rémission.

En foi de quoi Nous avons signé de Notre propre main ces lettres-patentes et Nous les avons confirmées avec le sceau impérial annexe.

Donné dans Notre ville de Vienne le 3 août, en l'année du Seigneur 1677, de Notre Empire, du Romain à la vingtième, de Hongrie à la vingt-troisième, de celui de Bohême à la vingt et unième.

(*Signé*) Léopold.

Vt. Léopold Wilhelm, comte de Kinigsegg.

Sur ordonnance personnelle de Sa Majesté Impériale :

Christoph Beuer.

Comparé et enregistré :

Ludwig Vlostorf, registrateur.

Ce document de confirmation a été suivi d'un privilége spécial (1) dont l'étendue est si considérable que nous ne pouvons en donner que les points essentiels.

Nous Léopold, etc., etc., etc.;

Avons confirmé il y a dix ans les statuts de l'Académie Léopoldine ; aujour-

(1) Buechneri historia Academiæ, etc., p. 223-238.

d'hui son Président *le senior du Collége médicinal à Nürnberg*, J. G. VOLCKAMER, *en Académie* HELIANTHUS, et le directeur de l'Académie *le physicien de la ville d'Augsburg* L. SCHROECKH, *en Académie* CELSUS, nous ont prié de pourvoir Notre *Collegium Leopoldinum des naturalistes* de grâces particulières pour sa gloire éternelle, etc., etc.

Nous avons très-volontiers accédé à ces demandes conformément à Notre manière de penser impériale et Nous avons résolu de doter ce Collegium pris sous Notre protection spéciale et impériale de distinctions honorifiques et de priviléges spéciaux.

Vu les travaux assidus et les efforts dudit Président et du Directeur, tout mûrement examiné et ayant bien réfléchi dans Notre toute-puissance impériale, Nous les confirmons ainsi que leurs successeurs légitimes dans leurs charges et offices, et leur donnons le pouvoir de recevoir dans cette docte et noble compagnie ceux des physiciens et docteurs en médecine qui sont dignes de ce Collége Léopoldin, après avoir examiné leurs ouvrages imprimés, et de leur donner un nom symbolique et de refuser, au contraire, les candidats indignes.

Afin que Notre grâce et faveur pour Notre Collége impérial Leopoldin deviennent manifestes aux yeux des hommes, nous lui conférons de notre plein pouvoir des armoiries ornées comme il suit :

Dans un écusson bleu se trouvera un cercle d'or entouré par deux serpents, tenant un livre ouvert dont une page montre ces mots : « *Nunquam otiosus,* » tandis qu'on voit sur l'autre un œil ouvert regardant le soleil (1). — Sur l'écusson est posée une couronne d'or ornée de grandes perles tenue par les deux griffes d'un aigle volant (2). Autour de l'écusson se trouvent les mots : *Cæsareo-Leopoldina Naturæ Curiosorum Academia* (3). — On doit non-seulement sceller tous les documents de l'Académie avec ce sceau, mais le Président et le Directeur auront le droit de joindre ces armes à celles de leurs familles, et de les représenter sur leurs tombeaux, vases, bijoux, portes, fenêtres, etc., etc. Le même droit appartiendra aux successeurs dans leur charge. En outre sont nommés Archiatres et premiers médecins de l'Empereur et doivent se servir de cette prérogative partout et toujours lesdits VOLCKAMER et SCHROECKH, président et directeur de l'Académie, ainsi que tous leurs successeurs.

Nous anoblissons en même temps le président et directeur actuel, ainsi que

(1) Les statuts latins portent : *oculus radiis e nube illustratus*, ce qui paraît mieux exprimer la recherche de la vérité souvent voilée.

(2) Cet aigle a bien la couronne impériale, mais il n'a qu'une tête seulement.

(3) L'ordre des noms a été changé, d'après la sanction nouvelle de l'empereur Charles VII.

leurs successeurs pour le S. Empire Romain et nos États héréditaires, pour qu'ils soient regardés par tout le monde comme de vrais gentilhommes.

Ils doivent par conséquent jouir partout et toujours, en toute fête et autres occasions, des mêmes libertés et privilèges que possède et confère l'ancienne noblesse.

Est conférée en même temps au président et directeur actuel, ainsi qu'à leurs successeurs, la dignité de COMTES du Saint-Palais du Lateran et de Notre cour impériale, de même que du Consistoire impérial. Ils seront reçus dans la compagnie des autres COMTES DU PALAIS et jouiront à l'avenir des mêmes privilèges, honneurs, immunités et libertés que ceux dont jouissent les Comtes du Lateran, selon l'ancien droit et coutume.

Nous leur donnons pouvoir de nommer des notaires publics et les juges ordinaires, qu'ils choisiront selon leur conscience. Les notaires et juges ordinaires nommés ainsi doivent être investis par ces comtes du palais avec la plume et le calmar, et ils doivent leur prêter le serment d'usage. Les documents émis par ces notaires feront foi judiciairement et extrajudiciairement dans tout l'Empire Romain.

Comme Comtes du Palais, ils auront de plus le droit de légitimer tous les bâtards, même s'il y a des descendants légitimes, tant du vivant qu'après la mort des parents, pour les rendre aptes à posséder des biens féodaux et allodiaux et à les faire entrer en toutes relations pour lesquelles la naissance légitime serait exigée. A l'exception des princes, comtes et barons, ils ont le droit de conférer la noblesse, si les parents d'enfants pareils sont nobles. Ensuite ils peuvent instituer, confirmer, et, dans les cas légitimes, destituer des tuteurs et des curateurs. De même peuvent-ils confirmer des adoptions et des manumissions d'esclaves, déclarer majeurs des mineurs, donner des permissions de vente des fonds ou biens de mineurs, réintégrer et réhabiliter des églises, des fondations charitables et des mineurs lésés dans leurs droits; enfin, ils peuvent rendre les qualités civiles à ceux qui les ont perdues.

Nous attribuons ensuite au président et aux directeurs, ainsi qu'à leurs successeurs, le droit de conférer des armoiries à des personnes honorables, entièrement à leur gré, à la seule condition qu'il ne soit pas conféré un aigle entier, surtout pas un aigle impérial ou d'autres armes appartenant déjà à de hautes maisons.

Les armes conférées ainsi par eux doivent valoir autant, en toute occasion, en guerre et duels, sur bagues, sceaux, tombeaux et vases, que celles conférées par Nos prédécesseurs impériaux.

Nous pourvoyons enfin le président et le directeur du droit de nommer des docteurs, des licenciés, des maîtres et des bacheliers des Facultés de médecine et de philosophie, ainsi que dans celle des deux droits, de même que des poëtes lauréats; quant aux docteurs et licenciés, cependant, à la condition qu'un examen subi devant trois docteurs célèbres aura précédé leur nomination.

Les docteurs nommés ainsi par eux auront les mêmes droits que ceux nommés par les universités, de manière qu'ils puissent enseigner, donner des consultations et exercer du plein droit de tous les docteurs dans tout l'Empire. Afin que rien ne manque à Notre Académie impériale Léopoldine pour les progrès de la science et le bien-être commun, Nous lui donnons la plus entière liberté de la presse et le privilége contre la contrefaçon littéraire.

Conformément à ceci,

Nous ordonnons à tous les Électeurs et Princes, tant ecclésiastiques que laïques, aux Archevêques, Evêques, Ducs, Margraves, Comtes, Barons, Chevaliers, Gentilshommes, Echevins, Lieutenants, Gouverneurs, Présidents, Préfets, Magistrats, et à tous Nos chers et fidèles sujets du S. Empire Romain, à quelque état qu'ils appartiennent, de laisser jouir de ses prérogatives de Comtes du Palais et des autres priviléges contenus dans ces lettres-patentes, Notre noble Académie impériale Léopoldine, de la défendre partout et d'empêcher d'après leurs forces tous ceux qui voudraient tenter quelque chose contre elle. — En cas contraire, ils encourront Notre plus sévère disgrâce et une amende de 50 marcs d'or pur, etc., etc.

Donné dans notre ville de Vienne, le 7 août 1687.

(*Signé*) LÉOPOLD.

Vt. LÉOPOLD WILHELM, comte de KINIGSEGG.

Sur ordonnance personnelle de Sa Majesté Impériale :
F. W. BERTRAND.

Comparé et enregistré :
F. W. BERTRAND.

Le privilége très-explicite contre la contrefaçon date du 3 juillet 1688.

L'empereur Charles VII confirma le privilége ci-dessus énoncé de l'empereur Léopold, à Francfort-sur-le-Mein, sous la date du 12 juillet 1742, en y ajoutant que lui l'Empereur, amateur particulier des sciences, ne confirmerait pas seulement les droits du Président et du Directeur, mais encore, quant à la noblesse, qu'il avait décidé qu'ils auraient le droit d'ajouter à leur nom celui de noble gentilhomme du S. Empire Romain, et qu'en outre ils auraient le rang des conseillers impériaux.

Il ordonnait de même que tous les Électeurs et autres sujets du S. Empire Romain devraient protéger l'Académie dans tous ses droits.

FIN.

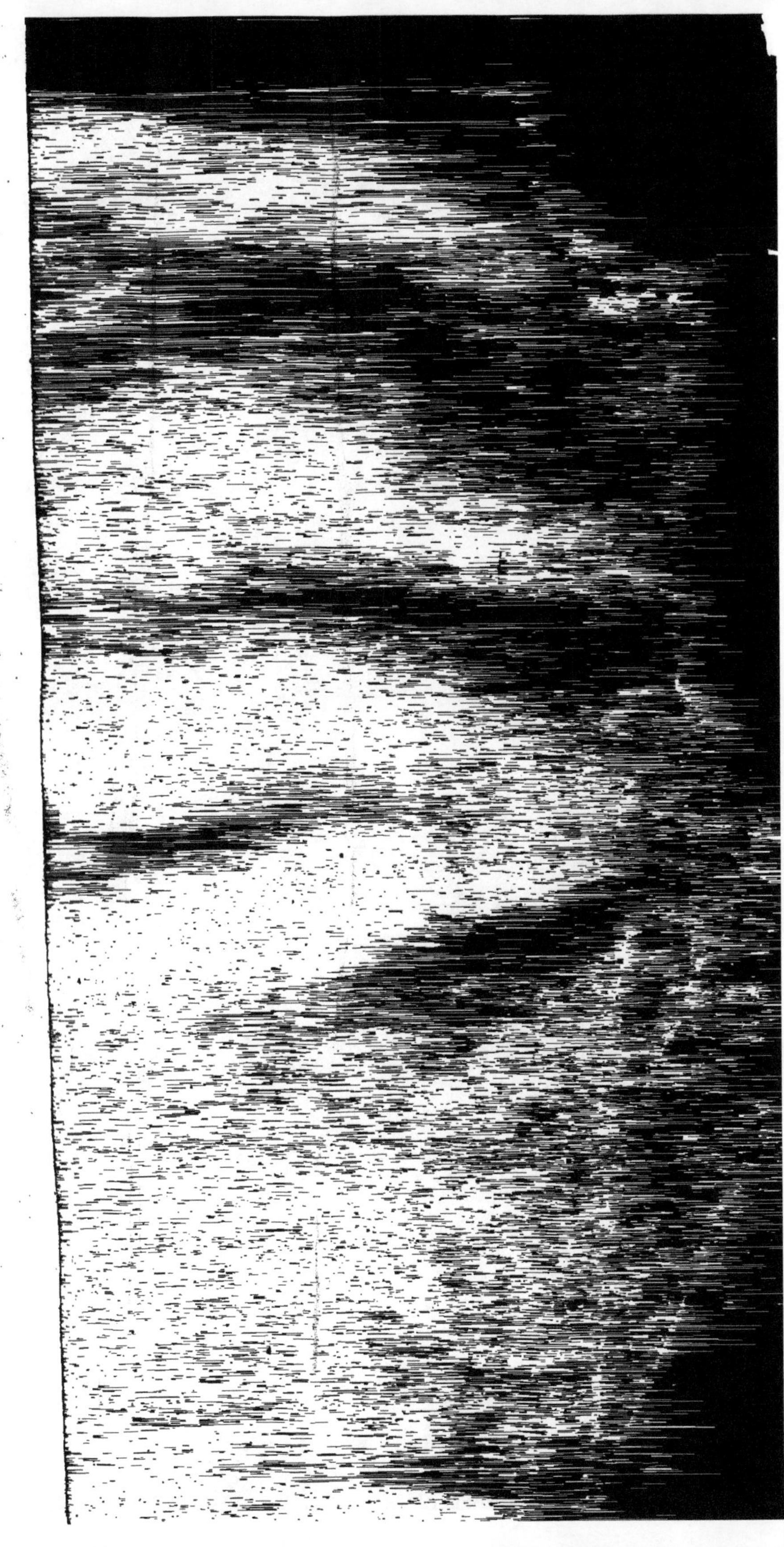

www.ingramcontent.com/pod-product-compliance
Ingram Content Group UK Ltd.
Pitfield, Milton Keynes, MK11 3LW, UK
UKHW020404250726
13967UKWH00005B/2473